U0010004

將水糊

一個人搞東搞西

高木直子閒不下來手作書

Naoko Takagi

洪俞君◎譯

前言

我叫高木直子，是一個插畫家。

一個人住在東京，每天呆呆地度日。

基本上，我喜歡自己動手做東西……

嗯～用這塊木板是不是可以做個什麼東西……

像置物架什麼的～

木板是不是可以做個什麼東西……

幾乎每天都自己做飯

炒飯

嗞～

也有縫紉機

也因為我阿公以前是木作師傅，所以我自稱是DIY一族

My 木作工具

家裡經常有碎木板

今年還自己釀了梅子酒喔

無奈手不靈巧，做出來的東西也差強人意。

搖搖晃晃的櫃子

髮絲塔塔的奇怪包包

在陶藝教室做的歪歪扭扭的器皿

and more…

2

有時會想，
還是用買的比較快，
東西又漂亮……

做得這麼
精緻的包包……
只要980日圓
好便宜～!!

啥米!?

髮捲坊

儘管如此，有時還是
會想自己動手做做
東西。

嗚喔～

做個
獨一無二的
創新作品!!

我要來做
個東西!!

LOVE
HAND
MADE

以下就是我挑戰各種
手作作品的系列連載。

名稱
就叫……

一個人搞東搞西：
高木直子開不
下來手作畫

鏘～

雖然我做得不好
又沒什麼創意，
但還請各位讀者
把這當作是手作
的特色與趣味，
多多包涵與
支持。

那我們
就開始囉～

請多多支持

Contents

鏘～

揉
揉

4

一個人搞東搞西

之④黑板

高木直子

閒不下來

手作畫

之 **1** 黑板

我是一個在家工作者……

糟糕！！不知不覺就睡著了！！

現在幾點！？

現在……

動不動就睡午覺

可是很不會管理自己的時間。

哇～已經這時間了！！

而且明天開始放假三天！？

連今天是星期幾都搞不清楚……

CALEN DAR

哎喲～

我想起小時候學校有一種很明確的功課表……

明天是國、體、音、數。

社、美、數。

要記得帶笛子……

抄抄

○月×日（星期△）

1	國語	小考
2	體育	躲避球 國籃球
3	音樂	笛子
4	社會	工業
5	美勞	制作海報
6	數學	乘法
	運動服 笛子	

值日生→

我也想要一個可以寫記事的黑板，於是來到家庭大賣場。

家庭大賣場

店裡有各種黑板用品……

哇～

各種顏色的粉筆！！

我很喜歡逛家庭大賣場♥

於是我決定
自己來做一塊黑板……

喔～
好有趣
成黑板了
方真的變
刷上漆的地
家裡不用的
木製畫板

刷
刷

反覆刷上幾次黑板漆，
一塊黑板就完成了。

完全乾透
等它

接著用耐水筆
畫線……
這裡是考驗創意的
重要關鍵……

POSCA

嗯～
單純
好用的
固然好……
可是我
是個插畫家，
是不是應該在
上面畫些畫，
弄得可愛一點，
呢……
碎唸
碎唸
碎唸……

經過幾番
的苦戰……
哇～線畫
歪了～！！
拼字拼
錯了～！！
趕快
擦掉
～！！
哎呀
～！！
啊～
才剛畫上去，所以→
用海綿沾水擦
就擦掉了。

總算完成一塊週間格式
的行事曆黑板！！
還加裝
放粉筆的加子

MON
TUE
WED
THU
FRI
SAT
SUN
→

這部分是要用來
寫當週的標語

18 MON	△△截稿、14:00〜洽談
19 TUE	取材、採購
20 WED	畫初稿、19:00〜聚餐
21 THU	FAX初稿、畫00
22 FRI	00截稿
23 SAT	跑步、音樂會(晚上)
24 SUN	11:00 車站→電影

衣服換季!!

很大〜

這塊黑板現在就擺在
我的工作桌旁邊。

嗚嗚……
這星期有兩個
要截稿……

壓力好大壓……

那罐黑板漆
還剩很多……

很多
黑板

我希望有一天能用
這黑板漆刷一大面牆。

哇〜整面
牆都是
黑板〜

可以畫
情塗鴉
!!

喂
不要睡午覺!!

碎念
碎念
碎念

11

材 料

* 做黑板用的板子
* 黑板漆
* 耐水性簽字筆
* 粉筆、板擦、
  粉筆夾等喜歡的黑板用品

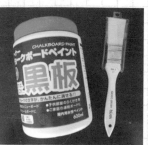

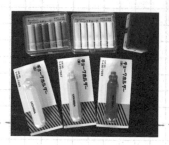

也可以刷在玻璃或金屬上

這回用的板子是B3大小的木製畫板。畫材店就有賣。

反覆刷二、三次之後，讓它完全乾透。

哇～黑板耶～

刷上黑板漆，很快就變成黑板了，真有趣～。

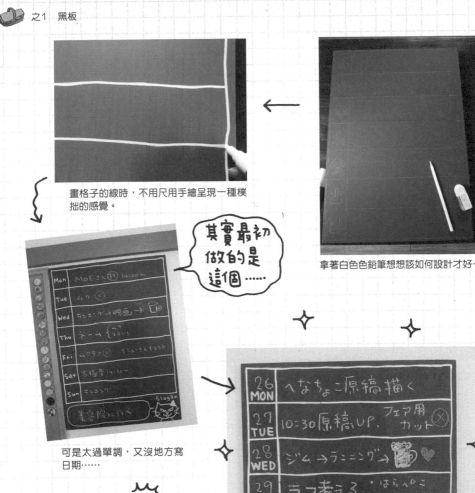

畫格子的線時，不用尺用手繪呈現一種樸拙的感覺。

拿著白色色鉛筆想想該如何設計才好……

其實最初做的是這個……

可是太過單調，又沒地方寫日期……

黑板總是在工作桌旁監視著我。

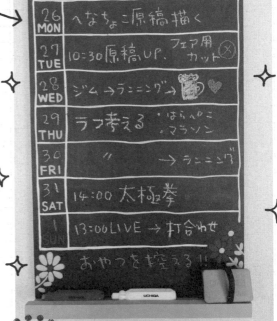

完成

因此又重新刷一次，加上點色彩，還加裝了粉筆架。

黑板製作花絮

黑板漆買了很大一罐，所以還剩很多……很多～！！

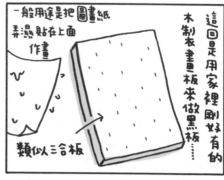

這回是用家裡剛好有的木製表畫畫板來做黑板……一般用途是把圖畫紙弄濕表貼在上面作畫類似三合板

事後我才發現有賣小罐，有點小小打擊……那小瓶就很夠用了……打擊手！打擊手！嗚嗚嗚量很少黑板－黑板價錢也很便宜!!

表面有點粗糙所以寫起字來也有點沙沙沙的感覺……說這樣是別具特色也是可以啦沙沙沙可是或許用更光滑的板子來做也不錯出遊畫MOE MOE截稿

將在80頁裡登場的木林井由佳小姐家裡一進門就有一面黑板牆……非常別致。鏘～!!很多人在上面塗鴉

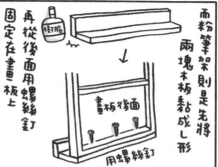

而粉筆架則是先將兩塊木板黏成L形再從後面用螺絲釘固定在畫畫板上樹脂畫板後面用螺絲釘

14

一個人搞東搞西
高木直子開不下來手作書
之②信封

之 **2** 信 封

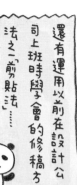

還有運用以前在設計公司上班時學會的修稿方法之一「剪貼法」……

所謂剪貼法就是……

有Ⓐ和Ⓑ兩張紙……

1

翻過來再從背面緊緊貼上膠帶……

背面

4

把兩張紙重疊用美工刀切割

用力……

※穩穩按住以免紙張滑動，美工刀一口氣劃下!!

2

再翻回正面拿掉暫時貼上的膠帶，就變成一張完整的紙嘍!!

用刮板壓壓接縫處，效果會更好。

5

將其中一張裁下來的紙片像拼圖一樣嵌入另一張紙……

暫時用膠帶黏住……

3

幾乎看不出接縫!!

哇喔!!

技術好的人真的可以做得天衣無縫不留痕跡。

設計公司裡有一雙巧手的設計師

要領是要用厚度相同的紙做出來才漂亮。

6

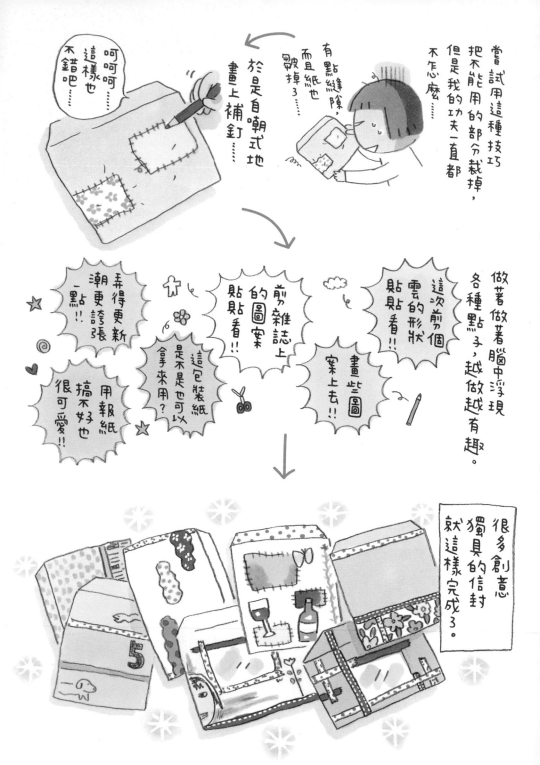

另外決定用橡皮做個印章，蓋在信封上表示這信封是回收再利用的……

嗚嗚……這是我第一次挑戰做橡皮章，沒想到這麼難……

啊～刻太深了～!!

唰

嘿

做了兩種

REUSE

這是高難度。

對不擅長做細活的我而言，

RE-USE ← 這個是重做了兩次才完成的……

很想做得更可愛些，可是這已經是我能力的極限了……

看……看得懂就好吧……

請多包涵……

咚

不過蓋個章就說明了「這是回收再利用的信封」，儘管做得不夠精緻，還請多包涵，非常方便。♥

哇～回收再利用也很有趣耶～♪

那我也就很高興了。

雖然充滿手作的樸拙，但如果收到這封信的人能覺得……

材 料

* 舊信封
* 包裝紙、色紙等
* 膠帶
* 紙膠帶
* 膠水
* 色鉛筆
* 刻橡皮章用的橡皮擦

結合
兩種素材!!

制
作
信
封

把信封可用的部分剪下來，想想該如何設計。嗯
～把這個和這個搭在一起看看……

把
有
汙
漬
的
信
封
翻
過
來

接合處貼上紙膠帶做裝飾，
或貼上雜誌上的圖片，隨興隨意再利用!!

哎呀～
好細好難
刻喔!!

用雕刻刀慢慢刻出圖案。

用鉛筆畫好圖案後,把橡皮擦裁成適當大小。

經過3小時的苦戰……終於刻好了。

咚
!!

完成

原本是要丟棄的信封變了個新模樣,
將被送到其他人手中!!

做
了
好
多
喔～

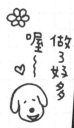

送信
來了～

之 **3** 鞋 袋

24

我們找一天一起去買材料……
某大型手工藝材料店
1
一進店裡就看到各種布料琳瑯滿目
哇～～
2
我一直打不定主意該選哪塊布好……
每一個都好可愛……
3
總算選好了布
這個布有40公分就夠了
這個布只要30公分就夠了
紀子畫的設計圖
4
紀子還給了我許多建議……
刺繡的線用這個如何？
另外，要加布襯比較好吧？
布襯？
5
貼在布的背面防止變形的補強材料
布襯……
布襯
布
（有需要熨斗燙的、也有像貼紙那樣直接貼上去的、有薄的有厚的，種類很多。）
6
材料準備齊全了!!
布襯
薄的
針
做成鳥的形狀的剪刀，因為太可愛了，所以……♥

終於到了
做包包的那一天!!

和藹可親的
紀子老師

這個步驟很重
要喔!!

妳要
好好加油~

首先是前刀裁……

花了
兩個小時

哎喲~

之後便開始這回的
重頭戲~刺繡!!

然後把底樣
描到布上……

嘿~~

嘿~~~

……不過我根本沒什麼技術,
只好用「回針縫」這種簡單的
縫法埋頭苦縫。

回
針
縫

像這樣

縫 縫

嗚嗚
手指的部分
好難好難縫

紀子的用具

可以同時量
直的和橫的
方眼切割尺

用水就可以
輕易拭去
消失筆

omni
grid

蘇美筆

紀子的用具

石兹鐵針插

吸

BERNINA

縫紉時針不會四處散
落,很便利。♥

慢~

慢~

就在我慢慢刺繡
時,紀子則在一旁
神情愉快地做著
一些小飾品。

26

花了約十個小時，總算完成了鞋代表!!

完全聽從指示⋯⋯

嗶嗶嗶⋯

先縫這邊的布邊

總算完成了刺繡，接著是最後一項步驟!!要用縫紉機把各部分縫合起來。

布邊對準這裡

磁鐵戳規可以吸附在縫紉機上，讓妳車的時候縫分能一致。

紀子的用具

做⋯做好了～

啪

啪

完成品

這樣我就可以好好加緊練習太極拳了!!

嘿～～

紀子做的小裝飾和太極標籤

代表身布背面貼了布襯，結實硬挺!!

刺繡的部分做成口代表

紀子做的羊毛氈花

嘿

有底很好用 ♥

27

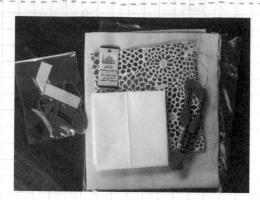

材料
* 喜歡的布料
* 布襯
* 刺繡線
* 束口袋用的棉線
* 做標籤用的細繩
* 消失筆
* 車縫線
* 裝飾用的珠子或羊毛氈等

想……

好想要個這樣的包包～♡

捲手

武

用消失筆把刺繡的底樣描在布上，消失筆的痕跡洗了就會消失。

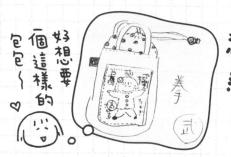

前刀裁

刺繡

縫縫……

在我埋頭努力刺繡的時候，紀子很快地用羊毛氈幫我做了太極的圖案。

把買回來的布剪成需要的大小，仔細地量謹慎地剪……

完成刺繡了!!

休息吃點心

喀嚓 喀嚓……

紀子說再加點花飾好了，隨即又用羊毛
氈做起東西。

正好快到
聖誕節……。

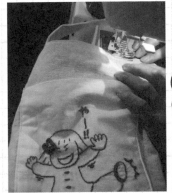

用縫紉機縫

嗶嗶嗶嗶……

最後是專心地用縫紉機縫合。

決定口袋的位置後，用珠針固定。

完成

鏘~!!

放大

紀子的小手藝讓我的鞋袋
更添光采。太極拳鞋也可
以完全放進去。

鞋袋製作花絮

一個人搞東搞西
高木直子開不下來手作畫
之④相簿

之 ④ 相 簿

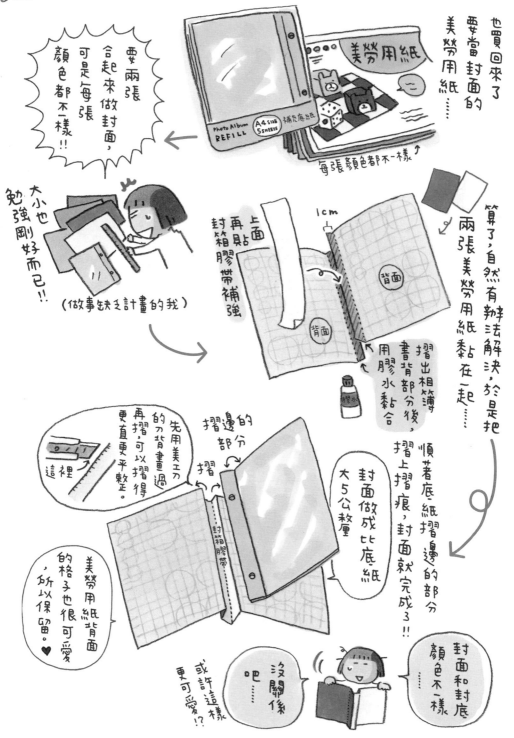

也買回來了
要當封面的
美勞用紙……

要兩張
合起來做封面，
可是每張
顏色都不一樣!!

大小也
勉強剛好而已!!

（做事缺乏計畫的我）

每張顏色都不一樣♪

算了，自然有辦法解決，於是把
兩張美勞用紙黏在一起……

1cm

背面

背面

上面
再貼
封箱膠帶補強

摺出相簿背部分後，
書背部分，
用膠水黏合

膠水

先用美工刀
的背畫過
再摺，可以摺得
更直更平整。

這裡

摺邊的部分

摺邊部分

摺

封相膠帶

美勞用紙背面
的格子也很可愛，
所以保留。♥

封面做成比底紙
大5公釐

順著底紙摺邊的部分
摺上摺痕，封面就完成了!!

封面和封底
顏色不一樣

或許這樣
更可愛!?

沒關係
吧……

譯注：名稱為雞眼扣，但代表圖案是鴿子喔。

34

用金屬補強的洞更結實了!!

正面

背面

這回除了照片底紙以外,還加了彩色圖畫畫紙。

圖畫紙

底紙

裁成用樣大小&打洞

洞用貼紙補強

貼車票、門票等

台灣之旅

行程

用圖畫紙當內封……

要這樣做四個洞

耶~!!

雞眼扣 雞眼扣

最後穿上細繩繫好,一本手作相簿就完成了!!

回憶

謝謝

爸爸的生日快到了,我打算拿這當生日禮物送給他。♥

不知道他高不高興?

封面也貼上圖畫做裝飾!!

35

材　料　＊補充底紙
　　　　＊美勞用紙（當封面）
　　　　＊彩色圖畫紙（當內封）
　　　　＊雞眼扣
　　　　＊細繩
　　　　＊封箱膠帶

製作封面

把2張美勞用紙接起來，摺出書背，並在要穿細繩的部分摺上摺痕。

一包美勞用紙裡有十種顏色，這次選用的是黃色和橘色。

用鐵鎚敲打就完成了～!!

把雞眼扣放進洞裡，對好扣斬……

首先用丸斬打洞……

練習用雞眼扣

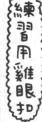

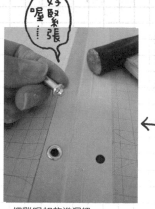

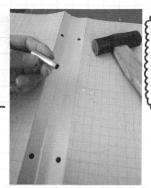

好緊張喔⋯⋯

正式釘雞眼扣

完成了～♥

4個位置都釘好雞眼扣後，這步驟就算完成了。

把雞眼扣放進洞裡⋯⋯

在和底紙的洞相同位置打4個洞。

裡面的底紙、內封都可隨意增減。

繫絲

就用這個吧⋯⋯

家庭工坊有的細繩

繫上細繩。裝了雞眼扣的洞非常牢固!!

思ひ出

謝謝

完成

好想再去玩喔～

隨意加上圖畫或貼上旅行的各種門票、行程表等，也很開心有趣喔。

台北旅行

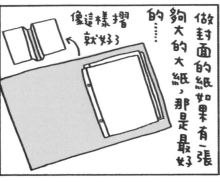

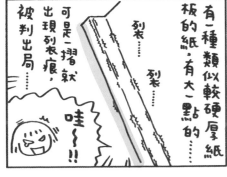

一個人搞東搞西

高木直子 手作圖文
閒不下來

之 ⑤ 杯墊

之 **5** 杯 墊

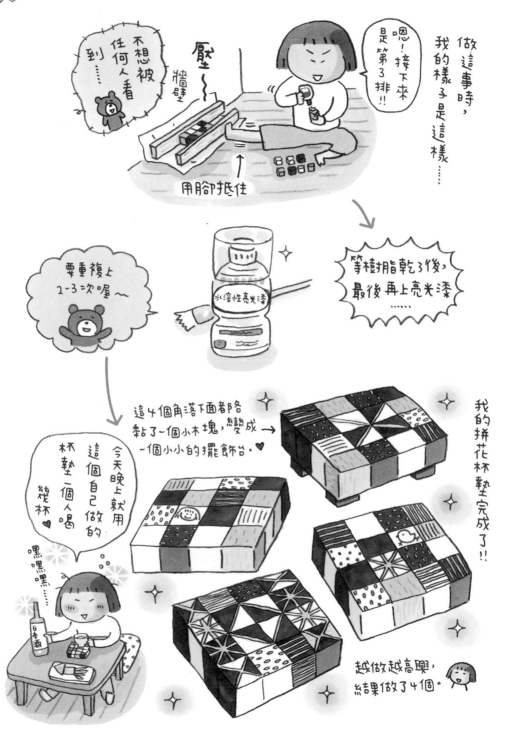

140個
入!!

材 料　＊正方體木塊（1.5cm³）
　　　＊壓克力顏料
　　　＊亮光漆
　　　＊木質用樹脂

在上好色的木塊上刻圖案。木塊很小不
好刻，要小心手不要受傷。

上色，這回用的是白色和茶色，以求單純。

好像巧克力和
牛奶糖……看起來
好好吃喔～♡

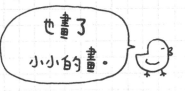

一個接一個完成了。

想想該如何組合這些小木塊。
嗯～就這樣好了……

這樣拼如何……？

用樹脂黏合後再上亮光漆，
我的拼花杯墊就完成了。

完成

當小花瓶的台子!!

當大酒杯的杯墊!!

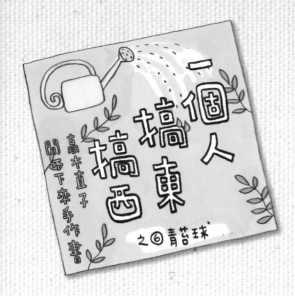

之 **6** 青苔球

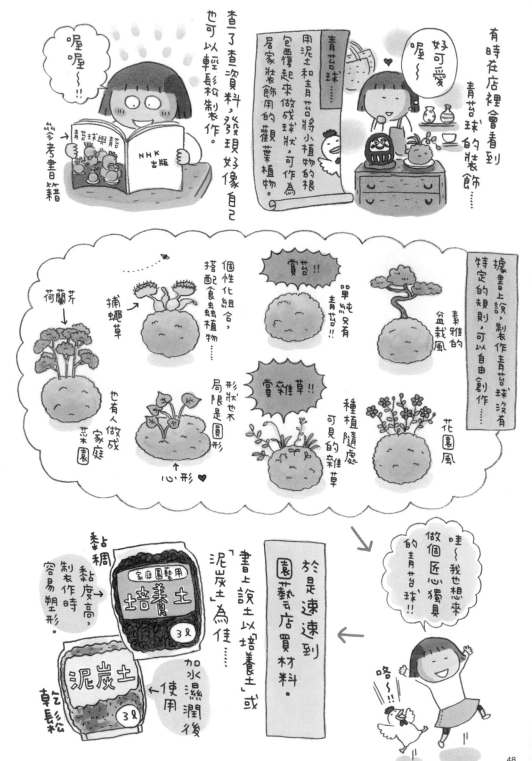

這個比較輕～♥

因為很輕，所以選了泥炭土。

泥炭土

也買了混和使用可加強通氣性的赤玉土(最小顆)。

我只要一點點，可是只有賣3公升包裝的～

好重喔～

重

赤玉土

採集青苔的圖

如果附近有生長青苔，也可以採來用。

黑～休

黑～休

這樣？

還買了要包在泥土外圍名叫「大灰蘚」的青苔

咯咯～

大灰蘚一盒198日圓

找到了

找到了♥

最後挑選要栽種的植物……

嗯～

嗯～

終於完成採購!!

啦啦～

種類很多，真不知該選哪1個好……

來挑戰製作青苔球嘍～～!!

1
先將大灰蘚弄濕反面，鋪放在保鮮膜上。

哪一邊啊？
拿掉乾枯的部分和雜質
反面啊？
？ ？ ？

2
泥炭土裡加入約30%的赤玉土，加水混和均勻……

標準是輕輕一壓會略有滲水。

嘿咻
嘿咻
攪拌
攪拌

3
將這泥土包覆在植物周圍，做成球狀。

好像小時候在玩泥巴一樣!!
用力壓實，以免散開。

哈哈哈
厚土
厚土

4
接著把大灰蘚貼到泥土上……

要訣是用保鮮膜像包飯糰一樣地包覆起來

好難喔～!!
哎喲～
志忑
不安

5
緊接著用棉線纏繞，避免青苔散落!!

一面注意青苔不要重疊且一面交叉纏繞。
棉線過些時候會自然府化，融入青苔球裡。
建議用黑色的線，較不醒目。♥

家庭用手縫線
線 100%

6
很擔心青苔會掉下來，不由得多纏了好幾圈……
這……這樣應該可以了吧？

絲繞
絲繞

材 料

* 赤玉土
* 泥炭土
* 大灰蘚
* 想種的喜歡的植物
* 棉線

只找到這種，
最小包裝的也有
3公升……

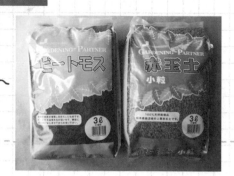

攪 攪
拌 拌

大灰蘚弄濕後，反面鋪在保鮮膜上。

泥炭土和赤玉土中加少量的水之後，仔細攪拌均勻。

毛茸茸 毛茸茸

也有賣整片的月拮

壓～

用黑色的線比較好

用保鮮膜將大灰蘚包覆在土的表面，然後用棉線纏繞。

用泥土將植物的根包覆起來做成球狀。

咯～!!

啪 啪 啪

讓青苔球吸足水分，青苔球3兄弟就完成了～!!

完成

很久以前在陶藝教室做來要放青苔球的花器，終於派上用場。

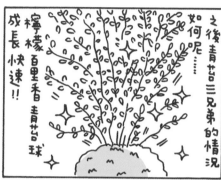
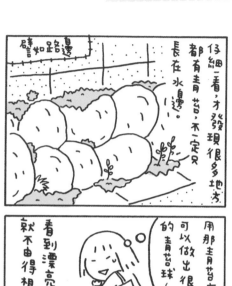

之 **7** 置 物 架

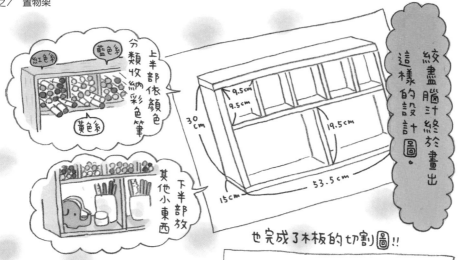

絞盡腦汁終於畫出這樣的設計圖。

分類收納彩色筆

上半部依顏色

紅色系 藍色系 黃色系

下半部放其他小東西

9.5cm
9.5cm
30cm
19.5cm
15cm
53.5cm

也完成了木板的切割圖!!

60cm
53.5cm × 2
51.5cm
30cm 30cm
9.5cm 19.5cm

依我算五塊木板就夠了!!

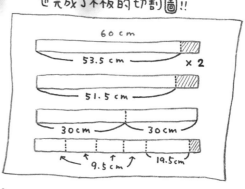

合手著設計圖,再次來到家庭大賣場!!

請幫我鋸成這樣的長度。

有木材加工服務的店,鋸一次只要加約50日圓的費用。

切割圖↓

重點是要找看起來比較老道的店員。

我滿懷自信地把切割圖遞給店員看,不料……

鋸了就會損耗約3公釐,不可能像這樣這麼剛好。

各一半

想有效利用材料,結果反而適得其反!

打擊手!

啊～!!

啪嚓～

還出了幾次小錯……

不過木板還是有點裂開，

給我回去～

這裡有點歪掉了!!

用電鑽先鑽
一個比螺絲釘
小而淺的洞

如果沒有鑽孔機，
或許用錐子也
可以……✧

於是我決定先鑽洞。
螺絲釘是2.7公釐粗，
所以只鑽2公釐大的洞。

嘰～

終於完成
符合自己
需要尺寸的
手作置物架!!

哎呀

擠

我正在想
該怎麼加蓋……

有一個問題
是彩色筆
還不夠放……

WHITE

材 料
* 鋸好的木板
* 螺絲釘
* 木質用樹脂
* 砂紙

這回用的是一種
名叫考里松的木材

好好計算，
不要出錯!!

用螺絲起子或錐子也是可以，不過有電
鑽和電動螺絲起子工作效率比較好。

一邊看設計圖，一邊在要接合的部分還有要上
螺絲釘的地方做記號。

防止木板列表開

用樹脂暫時固定之後，再用螺絲釘
完全固定。

哦～

先鑽一個比螺絲釘細小的洞。

木板裂開了～!!……
算了，這樣的裂痕用樹脂
補補就好了。

用電動螺絲起子拴好後，最後再用一般的螺絲起
子用力轉緊。

用砂紙磨平邊緣和角落，做最後的
處理。

before

after

鏘～按照設計圖完成的置物架。

完成

雖然彩色筆不能全部放進去，可是桌上整齊多了。

置物架製作花絮

高木直子閒不下來手作書

一個人搞東搞西

之⑧哈密瓜冰淇淋蘇打

之 **8** 哈密瓜冰淇淋蘇打

東京酷熱的天氣
已經持續了6天

NEWS

好想喝點清涼消暑的東西……

啊……好熱喔……

嘰～嘰～

難耐的酷暑持續不退。

冒泡
冒泡～

這時突然想喝
小時候最愛的哈密瓜冰淇淋蘇打！！

我這回就要挑戰製作
在家也可以品嚐到的哈密瓜冰淇淋蘇打！！

加油～！！

接觸到冰塊後冰淇淋變得有點脆脆石硬硬的，那種口感真叫人凍未條～

最近在咖啡屋也很少看到……

哇～

首先是…… 製作冰淇淋

隨意的點心時間

真子的隨意做點心時間

材料力來單純，只用牛奶、蛋黃和糖。

其實放鮮奶油進去味道會更濃更醇

不過這回還考慮到熱量的問題，就做味道清淡一點的

有這些材料應該就可以了

因為家裡沒有量秤，量是一分，量就隨便。

糖約兩菜匙

蛋黃一個

把材料放進大碗裡充分攪拌

約150cc 牛奶

倒進鍋裡，一邊攪拌一邊用小火加熱，注意不要煮沸……

對了，加點蜂蜜進去

一時興起就加了蜂蜜進去

然後再倒回大碗裡，一邊到發泡……到冰水冷卻，一邊用打蛋器打

嗯這樣就已經夠好吃了

奶昔的味道!!

倒進保鮮盒，放進冰箱冷凍

希望可以成功～

阿彌陀佛

偶爾拿出來攪拌一下，等結凍得差不多，冰淇淋就算完成了。

哇喔～是冰淇淋的味道沒錯耶～!!

試吃

有點懷念的古早味♥

65

材料是 小蘇打粉和檸檬酸粉！！

好像把這個放進蘇打水裡攪拌一拌就可以了。可是這回我還要挑戰自己做蘇打水。

（這次用的是食用的，不是清潔用的。）

是不是 跟各位讀者確認

哈密瓜冰淇淋蘇打 到冰的 哈密瓜露

打的哈密瓜口味 大概用這個就可以調出來吧？

各約一茶匙左右

先各加少量的水溶化……

嗯嗯嗯…… 要加很多糖才會甜…… 碎嗯 碎嗯 碎嗯

在大一點的玻璃杯裡放約一半的冰水，加糖將哈密瓜露調到喜歡的甜度。

可是放太多 熱量又太高…… 這部分 就看自己 怎麼取捨

哇喔～～！！ 快滿出來了！！ 冒泡 冒泡

兩樣東西在杯中一交會，瞬間激烈冒起泡泡！！

先放小蘇打水再放檸檬酸發水…… 撲通 撲通 撲通

接著把剛才做好的蘇打水和檸檬酸水依次放入…… 感覺好像真的變成化學實驗一樣……

材　料

＊哈密瓜露　　　　＊食用檸檬酸粉　　＊牛奶
＊礦泉水　　　　　＊食用小蘇打粉　　＊蛋
　　　　　　　　　＊糖　　　　　　　＊櫻桃

首先是製作
冰淇淋

唰 唰
……

把蛋黃、牛奶、
糖放進大碗裡充
分攪拌。

我想做的
就是這樣子

參考照片

在咖啡屋吃的

等大致冷卻後，倒進保鮮盒。

放進鍋裡加熱。加一點點蜂蜜調味。

甜甜的
味道

呵呵呵……
越來越像冰淇淋了～ ♡♡♡

放進冰箱冷凍。

有時拿出來攪拌一下。

接下來是做蘇打水。小蘇打粉和檸檬酸粉先加水溶化。

把哈密瓜露和糖放進水裡……

冒泡 冒泡

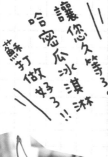

一加進小蘇打水和檸檬酸水，立刻猛起泡泡!!

讓您久等了。
哈密瓜冰淇淋蘇打做好了!!

完成

糊

哎喲～
冰淇淋還沒
完全結凍～

失敗……

迷你杯

成功 ♡

哈密瓜冰淇淋蘇打 製作花絮

我有時半夜會突然。
好想喝汽水之類的東西
好想喝點冒泡
的飲料喔

冒泡冒泡
冒泡

哇喔～!!

小蘇打和檸檬酸一混在
一起，真的會猛起泡泡，
好有趣。

冒泡～
冒泡～

小心不要溢出來

半夜2點喝汽水……

這種時候家裡只要備有
小蘇打粉和檸檬酸粉，
就隨時可以自己做。

呵呵
呵

冒泡
冒泡

自己做的好處是冰淇淋和
哈密瓜蘇打都可以自己隨
意調整甜度。

原來市面
上的果汁、
冰淇淋……
都加了好多
的糖～

嗯

砂糖
哈密

據說檸檬酸也有消除
疲勞的效果……

今天也是充滿
活力的一天～!!

MELON

低糖而且分量也恰好，
符合自己需求的哈密瓜
冰淇淋蘇打!!

好有療癒
效果……

呼

感覺像喝
笑一樣？

一小杯

70

一個人搞東搞西 高木直子閒不下來手作書 之④包袱巾

之 **9** 包袱巾

我出去旅行的時候
經常喜歡用包袱巾……

明天
要去洗
溫泉～
裡面是
換洗的
衣服

不清楚年代
有多久遠

這東西原本一直放在老家
都沒用……

和服 西服
紅葉屋

想想它應該退休了……

於是決定來做條
新的包袱巾。

不知道
有沒有適合
做包袱巾
的布

嘿咻

嗯～
要做包袱巾,這些
全都不夠大……

這些是
做東西剩下的布,
或是想做什麼
買來卻沒有用的布。

碎布

靈機
一動!

對了!!可以把
這些布接起來,
做成像那樣的
包袱巾!

連拼布也沒做過
的我,卻想出這樣
的點子。

突然看到前幾天整理衣櫃時，清出來的一些不要的衣服……

對了……

啊……

不要

不過要構思如何組合這些碎布，還真困難……

嗯～顏色搭起來都不好看……

又不想用太厚的布……

這個也不行……

這個不行……

啊，這個也不錯耶～

裙子的布好像可以拿來用耶～

啊，這件的布好像可以拿來用耶～

決定把這些衣服也一起拿來做包袱巾。

包袱巾設計圖

先要把布剪成正方形

還有縫分的問題，所以要剪大一點……

大約33公分吧

90 cm

90 cm

……好像也不到設計圖的地步

9塊 30公分 × 30公分的布!!

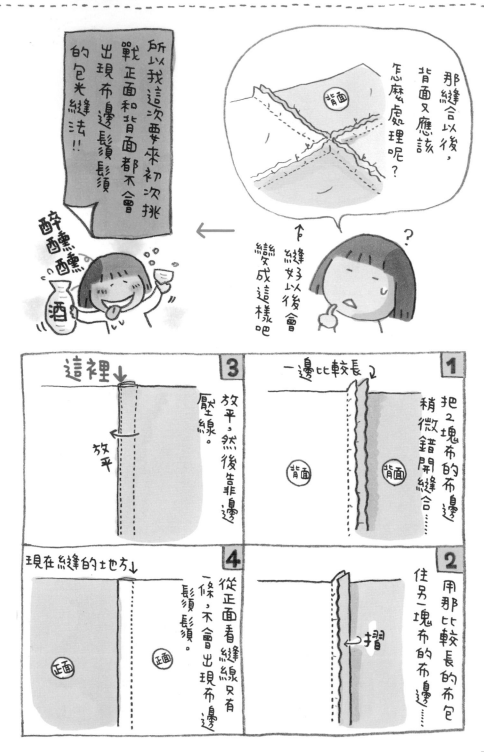

那縫合以後，背面又應該怎麼處理呢？

背面

↑縫好以後會縫成這樣吧

所以我這次要來初次挑戰正面和背面都不會出現布邊鬚鬚的包光縫法！！

醉醺醺

酒

3
這裡↓
放平
放平，然後靠邊壓線。

1
一邊比較長
把2塊布的布邊稍微錯開縫合……
背面　背面

4
現在縫的地方↓
從正面看縫線只有一條，不會出現布邊鬚鬚。
正面　正面

2
用那比較長的布包住另一塊布的布邊……
摺

74

材 料

＊不穿了的衣服
＊碎布
＊車縫線

把布剪成正方形後，想想該怎麼排列組合。

中間有鳥的那塊
布是來自這樣
的裙子。

已經不能穿了……

因為要做包光縫法，
所以把兩塊布的布邊
稍微錯開再縫。

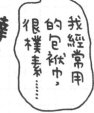

我經常用
的包袱巾，
很樸素……

嗒嗒嗒嗒……

76

呼～橫排的部分算是縫好了。

完成

把縱排也縫起來，包袱巾就完成了～!!

仔細一看，角落都沒對好，這種小
地方就不用在意吧⋯⋯

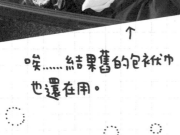

↑
唉⋯⋯結果舊的包袱巾
也還在用。

也陪我一起去旅行～♡

包袱巾製作花絮

特別篇
之 ⑩ 造型磁鐵

這次一個人搞東搞西，高木直子閒不下來手作，書》特別邀請立體造型作家森井由佳小姐登場！！

大家好！

我想應該有很多人看過森井小姐的作品

她同時也是雜貨收藏家，也有許多著作……

譬如螻榮子小姐的《我們這一家》和伊藤理佐小姐的《喂，皮蛋!!》等書封面上的造型公仔等等……

喂，皮蛋!! 伊藤理佐

我們這一家

森井小姐

我有朋友住在荷蘭喔

大約七年前，我因為工作要去荷蘭時，森井小姐特地介紹她的朋友給我認識……

在森井小姐漂亮的家中吃火鍋～

從那以後我們就變成好朋友……

TokYo Yuka MORI 歐洲迷你超市

造型公仔

「Poeka」

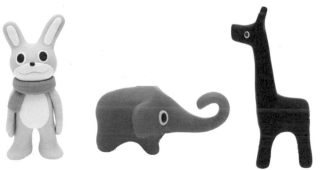

「兔子」　　　「橘紅色大象」　　　「黑色長頸鹿」

森井由佳

もりいゆか／立體造型家、雜貨收藏家。入選第七屆東急HANDS大賞之後，樹立了以黏土製作立體造型公仔的獨特風格。書籍、雜誌、廣告等都經常可見她以樹脂黏土製作的可愛作品。此外她同時也是一位雜貨專家，擁有多本著作。

包包掛牌

「黑貓」

造型磁鐵

雙子

射手

天秤

水瓶

牡羊

「星座系列」

「小鳥」

掛飾

這些作品所用的樹脂黏土
是一種可以像一般黏土一樣隨意捏塑，
烤過之後固化不變形的神奇黏土。
樹脂黏土在畫材店等就可買到，
對初學者而言也不困難，
因此我決定請森井小姐
教我挑戰製作創意造型磁鐵。

壁鐘

「猴子」

作品攝影／細川葉子

鏘～!! 為了請教森井小姐如何用樹脂黏土制作作造型磁鐵，我來到了她的工作室。

拍攝森井小姐作品的攝影師

喀嚓
喀嚓

負責這連載的編輯先生也一起挑戰手作造型磁鐵!!

這回用的樹脂黏土是這個

德國製「FIMO」

在大一點的畫材店或網路上都可買到

有各種顏色
一個450日圓左右

可以只用單色，也可以混和調出自己喜歡的顏色。

加白色進去顏色會變得更漂亮

手掌需要很有力氣耶

黏土一開始比較硬，制作之前要先反覆搓柔讓黏土變軟。

手溫高的人比較有利

搓柔
搓柔

搓柔

搓柔
搓柔

（用保鮮膜包起來避免沾灰塵）

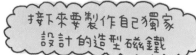
接下來要製作自己獨家
設計的造型磁鐵

底稿畫好了!!

藍色

小雞

睡著的我

做這種東西的時候,是一個部位一個部位地做,然後重疊上去。

直子妳看來從腳先做比較好~

森井小姐按照我的
底稿幫我畫的設計圖

一邊看設計圖
一邊往下做

拿適量
的黏土
……

設計圖上
鋪一張描圖紙……

放在上面
比看·形狀
大致合就ok。

哇喔~

倒落

不要做太厚
比較好

好快

喔!!

①

②

看起來好像很簡單·輪到
自己動手做就很困難……

嗚~不行耶

做好幾次都
還是太太!!

我一直
弄不出個正圓

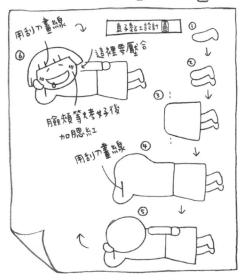

直子黏土設計圖

用刮刀畫線

這裡要壓合

臉頰等裝考好後
加腮紅

用刮刀畫線

①
②
③
④
⑤
⑥

臉也做好了，接下來是送進烤箱烤。

那要開始烤了～

耶～

力盡

筋疲

森井小姐做的示範作品

最後用真正的腮紅在臉頰上著色

烤好以後，在背面黏上磁鐵就完成了～!!

妳做得也別有特色啊～

（很會誇獎大人）

還是妳做得漂亮……

編輯的作品

攝影師的作品

送給我女兒好了～

好有趣喔～

把努力完成的造型磁鐵貼在冰箱上天天欣賞。

嘿嘿嘿……

材料

* 樹脂黏土
  （這回用的是 FIMO 的樹脂黏土）
* 餅乾模
* 強力膠
* 磁鐵

編註：在台灣購買的名稱可分為樹脂黏土與軟土，請讀者依自己所需，參考購買。

用做餅乾的要領壓模。

把黏土平，兩側各放一枝免洗筷，厚度就會平均。

先挑戰壓模式的造型磁鐵!!

我做的

編輯長谷川先生做的

木井小姐做的

加上自己喜歡的裝飾。

要烤了喔～

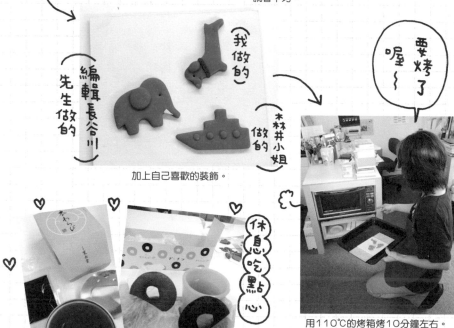

休息吃點心

蕨菜麻糬♡

♡甜甜圈♡

用110℃的烤箱烤10分鐘左右。

挑戰製作獨家設計的造型磁鐵!!

底稿

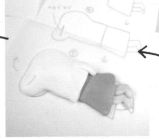

呼～頭髮部分出乎意外的難，陷入苦戰……

太好了……上半身做好了……

按設計圖上的步驟，一步步製作。

叮鈴～!!

做好以後放進烤箱烤。

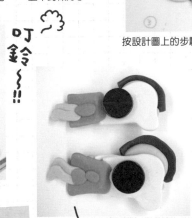

背面

烤好之後用強力膠黏上磁鐵，從背面看是這個樣子。

（我做的）

瘋佳～

挺～

森井小姐做的

完成

最後用真的腮紅在臉頰上微微上色。

各自設計的造型磁鐵完成了～!!

攝影師做的

好可愛

森井小姐做的　長谷川先生做的

完成作品攝影／細川葉子

造型磁鐵製作花絮

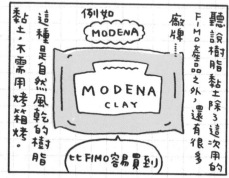

聽說樹脂黏土除了這次用的 FIMO產品之外，還有很多廠牌……

例如
MODENA

MODENA CLAY

這種是自然風乾的樹脂黏土，不需用烤箱烤。

比FIMO容易買到

這部分就這樣，捏捏就好了……

森井小姐一邊像繪本說明一邊像繪本說明一邊，像變魔術一樣一下子就做好形狀。

動作輕快

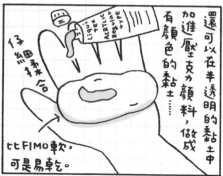

還可以在半透明的黏土中加進壓克力顏料，做成有顏色的黏土……

比FIMO軟，可是易乾。

仔細揉合

雖然米是親眼目睹森井小姐的絕技就是寶貴收穫……

小姐的絕技就是寶貴

哎喲～繪又繪成橢圓形了～

為什麼撢不圓呢～

連圓形都→撢不出來

放三天～一星期左右讓它自然風乾就會變又得硬又結實。

您可以挑選自己喜歡的黏土喔

大家都很認真

喔～

嗚～

不過，最近很少能像這回這樣大家取在一起做做東西，感覺特別有趣!!

編輯

本森井小姐

動作輕快

攝影師

FIMO…適合想慢工出細活的人。
MODENA…適合能很快塑形的人。

之 **11** 巨無霸飯糰

小時候看過報紙上有這樣一則報導。

某一所小學為了讓學童懂得珍惜食物，遠足時不准帶零食，而且飯盒裡只能放一個飯糰……

帶一個飯糰去遠足

獨特的嘗試
○○小學

出乎預料
有學童吃不完剩下

但是有很多家長擔心這樣怎麼吃得飽，於是讓小孩帶了餡料很多的巨無霸飯糰，學校的用心也因此有些白費。

當時我看了這則新聞，真是羨慕莫小極了。

哇喔～!!

餡料超多的巨無霸飯糰!!

1995
1987
2001
2012

許多年之後……

我決定來做那個長年以來一直念念不忘的飯糰。

我要來做那種裡面餡料超多、吃一個就很飽足的特製表巨無霸飯糰囉～!!

92

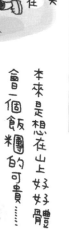

材料

＊白飯
＊海苔
＊喜歡的餡料

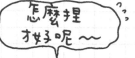

怎麼捏才好呢～

哇～海苔不夠大!!

很重

連同保鮮膜一起捏成球狀，總算成功。

把飯和餡料放在保鮮膜上。

用一大張海苔也不夠，只好用補的。

呼

貼上可愛（？）的貼紙，重量級的巨無霸飯糰就完成了。

完成

到山上去!!

看起來好吃!!

看到富士山了～!! 喔～

休息吃午餐

滑子菇湯

呵呵呵......炸雞塊現身了～!! ♡

乾杯～!!

紀子做的

我也想吃喵～

在山上吃飯糰特別美味。

貓也靠過來了!

巨無霸飯糰制作花絮

之 ⑫ 聖誕靴

小時候很想要那種裡面裝了很多糖果零食的聖誕靴，卻很難如願。

沒錯，我可以了解～

現在長大了有錢可以買，可是又覺得自己買有點不好意思……

買給我嘛～買給我嘛～

我有一個以前在劇團負責小道具的朋友……什麼東西都會做

這回決定請那位朋友教我用「糊紙」做聖誕靴!!

靴子還要考慮到鞋小部分的問題，所以最好用後來可以挖出來的素材來做模子。

還有一個辦法是切半再黏起來

用黏土也是可以，不過妳可以先用報紙揉捏成靴子的形狀

這回決定請那位朋友教我用「糊紙」做聖誕靴!!

譬如要做面具的話……

盡量選用木頭或塑膠等表面光滑的材質

首先準備好模子……

糊紙

用漿糊把小紙片一片片貼上去……

貼 貼

乾了之後從模子上拿下來，就完成了。

彩繪上色也很可愛喔♥

漿糊

因此我先用報紙做模子。

這……這樣子做對嗎？

壓！揉揉

總算做出一個像靴子形狀的東西。

上面包一層保鮮膜防水

也用了一點封箱膠帶

呼～

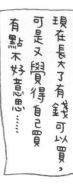

只單純地貼上紅色紙膠帶做裝飾，靴子也就完成了。

接著看西女去採購放在裡面的零食嘍!!

GO～!!

要放在那靴子裡的應該選細長形的零食比較好吧～

零食區

bis bis cuit

仙貝 小果

cookie cookie cookie

POTATO POTATO

現在裡面放的是玉米棒、魷魚細絲和沙拉米棒!!

大人的聖誕靴～!!

結果……

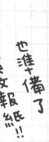

也準備了
英文報紙!!

材料

＊報紙
＊漿糊
＊紙膠帶
＊放靴子裡的零食

制作模子

把報紙
稍微弄濕
比較好做。

為了方便拿掉模子，第一層只貼沾水的報紙。

把報紙揉捏成靴子的形狀，包上保鮮膜。

臨時做的作業台。
嘿嘿嘿～方便多了～。

第二層才開始沾漿糊。

把報紙一層又一層地貼上去。

貼 貼......

塗......

104

有的層則是貼全是文字的……這麼一來就很容易分辨哪些部分已經貼過了哪些還沒。這個辦法是我中途發明出來的。

有的層是貼彩色印刷的報紙……

覺得鞋底不夠結實，於是加了一片瓦楞紙板。

貼貼……

稍微修整鞋口邊緣和歪曲的部分等。

完全乾透之後，把裡面的模子抽出來。

快樂 聖誕 !!

簡單地用紅色紙膠帶做裝飾，靴子也就完成了!!

完成

把喜歡的零食放進去，好看又好吃!!

聖誕靴製作花絮

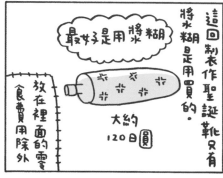

這回制作聖誕靴只有
將水糊是用買的。

最好是用將水糊

放在裡面的雪
〈食費用除外〉

大約
120日圓

結果聖誕節都過了，
聖誕靴還是一直擺在
那裡。

耶～
聖誕靴～♪

便宜又可愛，
真是太好了。

渾圓厚實貝

現在主要是合手來
放玉米棒。

嘿嘿……♡
嘿嘿

以備不時之需   可以放5包

我覺得用糊紙來制作一
些使用期間很短的節慶
用品也是很不錯的選擇。

立春
前一天用的
鬼面具

像萬聖節
的裝飾

就是靴子裡的零食
沒有庫存的時候。

我上次買很多玉米棒
的時候……

歡迎
光臨～

106

念高中時我又想要一個新的化妝檯……

可是又不好意思叫爸媽買給我……

預料

很快就會被妳弄壞了

我才不買給妳!!

這時看看家裡，發現有一個阿公做的抽屜組和拆長桌時留下來的一塊桌板……

靈機一動

嗯!!

努力在桌板下加了和抽屜組一樣高的桌腳……

做了這個，然後用雙面膠黏在桌板下。

釘子

嗚～!!

再放上家裡原有的鏡子和阿公做的小凳子，自製的化妝檯就完成了!!

鏘～

也因為做得比預期的好，我對這化妝檯真是滿意極了……

呵呵呵!好大，好好用喔。

跟阿公合作的作品～

做木工挺有趣的嘛～!!

可是我高中畢業之前阿公就去世了。

110

後來我設計學校畢業後，進到一家設計公司上班。

從三重通勤到名古屋

轟轟隆隆……

轟轟隆……

艾喲

踏入社會的第二年，夙願以償地開了第一次插畫個展……

那個畫廊大概可以掛二十幅畫吧!!

我要加油，多畫幾幅好畫!!

我真是卯足了勁!!

不過開個展也是挺花錢的

嗯～畫廊的租金……

加上如果印一千張宣傳明信片的印刷費……

還有搬運費

和畫材明信片的郵票費

還有給來看畫展的人的謝函……

糟糕!!沒有錢可以買畫框了!!

畫框需要3千日圓

設計學校老師的一段話一直忘不了

畫放進畫框裡，看起來會倍加出色!!

假設一個畫框需要3千日圓

那20幅就要6萬日圓!?天啊～!!

沒有辦法之下，最後想出的解決對策是……

自己來做畫框!!

可是畫框要怎麼做啊？

現在沒錢也沒時間，我希望能盡量做得簡單一點～

很久以前阿公幫我做的相框

這個是怎麼做的呢？

請爸爸跟我一起去家庭大賣場買木條

加工室

這個……幫我鋸一下

我絞盡腦汁想出來的畫框是……

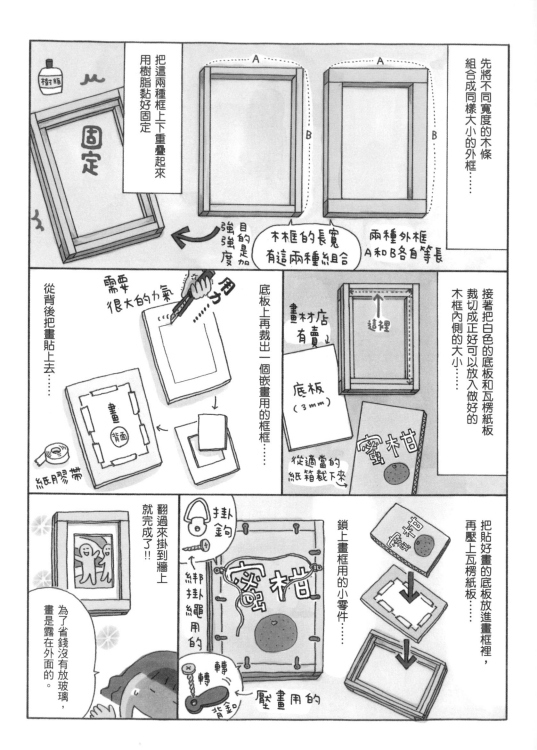

努力做了二十個這種畫框，有的還配合畫漆上顏色……

一長排

加夏 首次個展

個展頗受好評

這種自製的畫框感覺很不錯咧～

謝謝～

人家誇的是畫框不是畫……

雖然已經是十五年前的事，那次的個展依然深深印在心裡……

那時候的我也是情勢所逼，只好拼了。

或許是人在遇到困境時，創造力反倒會應運而生吧～

良多

感覺

沒時間

沒錢也

靠的就是年輕和骨力

怎麼可以做得這麼堅固？

還是完全看不懂他是怎麼做的。

可是現在看我阿公做的東西，

也沒用什麼釘子螺絲啊～

搖搖

如今我有好多問題想問阿公，可是……

……

事隔多年回想過去，決定再來試自己做畫框。

畫框裡想放的是這張去旅行時買回卻一直找不到適當尺寸畫框的畫!!

這回我還要放一片透明的壓克力板，保護畫框裡的畫!!

請參考照片看看我做得好不好!?

這是我在不丹買的♥

壓克力板
壓克力板
壓克力板

*裁好的木條
*透明的壓克力板（1公釐厚）
*白色厚紙板（1公釐厚）
*瓦楞紙板
*三合板（3公釐厚）
*背釦
*掛鉤
*木質用樹脂

背釦　掛鉤

材 料

厚 1cm

寬 1.5cm

寬 3cm

重點♥
改變長寬的組合方式

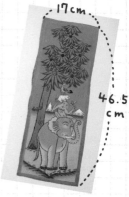

↖17cm

46.5
cm

在不丹買的尺寸有點特殊的畫，市面上很難找到大小適當的畫框。

用寬度不同的木條做好大小相同的2個木框後，分別用樹脂黏合。裁木條的時候記得要把寬度算進去，小心不要弄錯。

放大

可以轉來轉去

很重

黏住

等木框完全黏合固定後，在細木條框上鎖上壓畫用的背釦和綁掛繩用的掛鉤。

壓上重物避免木框歪曲，並等樹脂乾透。

接著把2個木框上下重疊黏合。

也可以用瓦楞紙板……

這回正面還要放一塊壓克力板，用美工刀沿著尺多劃幾次劃出裂縫後用手折斷。用一般的美工刀也是可以，不過如果有壓克力刀會比較輕鬆。

可是這回為了讓背面看起來美觀，改用三合板。用大型美工刀把三合板裁成細木框內側的大小。

貼

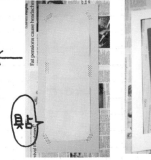

代替緩衝材的瓦楞紙板也同樣裁出細框內側大小，這樣材料就都準備齊全了。

因為還要放一片壓克力板，所以這次嵌畫用的底板是用硬度較低，容易裁切的一般厚紙板，裁好之後從背面用紙膠帶把畫貼上。

完成

番羽

把畫框翻過來就完成了～。搭配在畫框上上顏色或彩繪些圖案也是很有趣的喔。

依序把壓克力板、畫、瓦楞紙板、三合板放入畫框，鎖上背釦，最後再綁上繩子。

嘿嘿嘿～
再來一個～

呸

因此我愛吃多少就吃多少

媽媽娘家做的 ←

爸爸在市場買的 →

加上家裡經常有很多梅干……

妳真的很喜歡吃梅干耶～

光看就流口水了～

啊

我從小就非常喜歡吃梅干……

嗯～我還是喜歡那種更原味、更酸一點的。

味道太甘醇了～

超市賣的很多都加了甘味劑，不合我的口味。

中華蜜梅

南高梅

饋贈親友

百貨公司賣的梅干太高級買不起……

天啊～要3千日圓!?

像寶石一樣!!

可是上東京以後，我的梅干生活出現巨大轉變。

可是有時候也會斷糧……

哎呀～只剩下最後一個了～

或者是在東京發現我喜歡的梅干就多買一些囤積……

蔬果店

梅干

零售

自家制表

小姐妳好～!!

這裡的梅干看起來很好吃耶～!!

所以每次回老家時就帶一點……

發現梅子發了霉，全毀了……

啊～!!

噫……下面好像有水漏出來！

代替重石 水2ℓ 水2ℓ

大概一直沒用適當的容器……

可是這鍋子最多也只能裝2公斤……

所以第二年就再嘗試多做一點

→又是咖哩鍋

材質有很多種，有陶的也有塑膠的等等，考慮很久終於決定買琺瑯的。

大小也有很多種，不知道該買一個好哪種。

……因此首先買了一個醃漬用的容器

有內蓋

10ℓ

✦ 3780日圓 ✦

今年……

我要更用心地做梅干!!

內蓋

家裡也有適當的淺盤可以代替放在重石下面的蓋子，用這個就好了吧～

像這種沒問題沒問題！

最後決定還是用寶特瓶代替

水2ℓ 水2ℓ

水1ℓ=1kg

醃漬用石

2.5kg

很重～

3.5kg

我還考慮到底要不要買重石……

可是這個不用的時候又很佔位子～

在東京又不可能隨隨便便就有大石頭可以撿

118

等紅紫蘇變軟以後用力擠出澀汁……

擠擠～

把紅紫蘇放進放有梅子的容器裡搖勻，靜置到梅雨季節結束。

再用鹽搓揉再擠，重複3次之後……

嘩啦～

梅雨快結束吧♪

蓋上壓上蓋和外蓋放在陰涼處

梅雨季節終於結束了！！

不過曬的過程最好在晴天下連曬3天，所以先看看氣象預報。

嗯～……今天是晴天，可是明天是陰天……

後天開始連著幾天都是好天氣～

一週氣象預報

正確掌握時機……

今天要開始曬梅干了～！！

醃了一個多月的梅子染成漂亮的紅色……

撲鼻～

把梅子一個個小心擺到竹篩上……

注意不要黏在一起……

努力

哇喔～！！

放到陽光充足的地方曝曬

希望不會倒下來……

搖晃

搖晃

紫蘇

用瓦楞紙箱做的檯子

122

鏘!!

124

henachoko making

製作日誌 之 14

約三天後使用

材 料　＊青梅（盡量挑選黃熟的）
　　　　＊鹽
　　　　＊蒸餾酒
　　　　＊紅紫蘇

好香味道❤……

梅子泡在水裡 1～2 小時，去苦澀之後晾乾，去掉果蒂。

在蒸餾酒中過一下消毒之後，撒上鹽放進容器裡。

第2天就已經有梅醋滲出來了。

蓋上塑膠袋後，壓上寶特瓶。

全部放好之後蓋上蓋子，也可以用淺盤代替。

大約一個月後

梅子會染上紅紫蘇漂亮的顏色。

紅紫蘇加鹽搓揉擠出澀汁之後放入容器裡搖勻。

醃了三天以後⋯⋯

手會弄髒，最好戴手套。　澀汁

醃梅試吃♡

放在大太陽下曝曬，竹篩不要完全貼在櫃子上，以保持通風透氣。

曝曬

把梅子一個個小心放到竹篩上，注意不要黏在一起。

滑嫩～

這次曬了4天。

耶～!!

我有很多梅干的庫存了。

呼嚕呼嚕～!!

完一成

剛做好的梅干滋味棒極了!!

後記

這就是我的一個人搞東搞西奮鬥記。

書裡是不是有你們想自己動手做做看的東西呢？

有沒有人覺得「這東西換成我可以做得更好」呢？

書中全是素人的作品，有的或許不夠精緻，

有的或許做法說明得不夠詳細，

（我自己也是沒計畫深思就搞東搞西的，還請見諒）

不過如果你們看了這本書會想自己動手做做東西，

或是覺得做東西真有趣，那我也就心滿意足了。

想要某個東西時，

雖然去店裡就可以輕易買到各式各樣的商品，

但只要花點心思自己也可以花小錢輕鬆製作，

或是做出自己的獨特風格，這都是很有趣的，

而且對自己花時間做出來的東西也會產生一種珍惜的情感。

相反地當面對一些商品時更會佩服它製作精美，

也會好奇這是怎麼做的。

我也希望自己能一直保有這種讚嘆與好奇的心情。

雖然做得不好，

我今後還是要繼續努力手作搞東搞西。

後來
我用做梅干的副產品
梅醋做了梅醋雞尾
酒和即興醃山藥!!

2013年8月末　高植直子

TITAN 101

一個人搞東搞西
高木直子閒不下來手作書

洪俞君◎翻譯　陳欣慧◎手寫字

出版者：大田出版有限公司
台北市104中山北路二段26巷2號2樓
E-mail：titan@morningstar.com.tw
http：//www.titan3.com.tw
編輯部專線（02）25621383
傳真（02）25818761
【如果您對本書或本出版公司有任何意見，歡迎來電】
法律顧問：陳思成律師

填寫回函雙重贈禮 ❤
①立即購書優惠券
②抽獎小禮物

總編輯：莊培園
副總編輯：蔡鳳儀
行銷企劃：陳惠菁　行政編輯：鄭鈺澐
校對：黃薇霓／洪俞君
初版：二○一四年七月三十日
十八刷：二○二三年五月十九日
定價：新台幣 270 元

網路書店：http://www.morningstar.com.tw （晨星網路書店）
購書E-mail：service@morningstar.com.tw
讀者專線：04-23595819 # 212
郵政劃撥：15060393（知己圖書股份有限公司）
印刷：上好印刷股份有限公司

國際書碼：ISBN 978-986-179-337-5 / CIP：426 / 103008054

HENACHOKO TEZUKURI SEIKATSU
© Naoko Takagi 2013 All rights reserved.
First published in Japan in 2013 by HAKUSENSHA, Inc., Tokyo.
Traditional Chinese language translation rights arranged with HAKUSENSHA, Inc.,
Tokyo through TOHAN CORPORATION, TOKYO.

版權所有·翻印必究
如有破損或裝訂錯誤，請寄回本公司更換

ipen 畫畫
www.facebook.com/titan.ipen

歡迎加入ipen i畫畫FB粉絲專頁，給你高木直子、恩佐、wawa、鈴木智子、澎湃野吉、森下惠美子、可樂王、Fion⋯⋯等圖文作家最新作品消息！圖文世界無止境！